目　录

1-1 PLC 基本认知工作页

知识点 1：PLC 的产生及发展

（1）1969 年，美国 DEC 公司（数字设备公司）根据美国_____的要求研制出世界上第一台型号为_____的 PLC，在汽车生产线上首次取得成功。

（2）PLC 的定义。

1987 年 2 月_____对 PLC 做出了定义：_____是一种数字运算操作电子系统，专为在_____下应用而设计。它采用了可编程序的存储器，用来在其内部存储执行_____、_____、_____、_____和_____等操作的指令，并通过数字的、模拟的输入和输出，控制各种类型的机械或生产过程。

定义说明了 PLC 是能直接应用于工业的通用计算机，拥有更可靠的_____、_____、_____、_____和_____、_____及极高的新一代通用工业控制装置。

知识点 2：PLC 的特点

（1）_____因具有与继电器控制电路在电路符号、表达方式等地方相似的特点，成为 PLC 使用最多的编程语言。

（2）_____用来衡量 PLC 的可靠性，由于 PLC 大都采用单片微型计算机，因而集成度高，再加上采取了一系列硬件和软件抗干扰措施、保护电路及自诊断功能，使 PLC 控制系统的平均无故障时间可达_____h，能适应有各种强烈干扰的工业现场。

（3）按工业控制的要求，PLC 设计的接口有较强的_____（输入 / 输出接口可直接与交流 220 V、直流 24 V 等强电相连），接口电路一般多为_____式，维修更换方便。

知识点 3：PLC 的主要功能

（1）_____：PLC 最基本、最广泛的应用，它取代传统的继电器控制系统，实现逻辑控制、顺序控制，其既可用于一台设备的控制，也可用于多台群控及自动化流水线控制。

（2）_____：温度、压力、流量、液位和速度等模拟量在工业生产过程中经常需要去控制，现在大部分 PLC 厂家都生产配套 A/D 和 D/A 转换模块，使 PLC 可用于模拟量控制。

（3）_____：大部分 PLC 具有数据处理能力，除了数据传送、数学运算外，还能进行数据的转换、排序、查表、显示打印、比较等操作，可以完成数据的采集、分析及处理。

（4）_____：PLC 可以用于圆周运动或直线运动的控制，广泛用于各种机械、机床、机器人、电梯等场合。

（5）_____：PLC 的通信联网实现了 PLC 与 PLC 之间、多台 PLC 之间、PLC 与其他设备之间的信息交换，组成了一个能实现分散集中控制的统一整体。

知识点 4：PLC 的类型及结构

（1）一般而言，PLC 处理的 I/O 点数比较多，则控制关系相对比较复杂，用户需要的程序存储器容量就会比较大，因此我们可以按 PLC 的输入 / 输出点数、存储容量把 PLC 分为_____、_____、_____。

（2）可编程序控制器的核心构成和计算机是一样的，都由_____、_____、_____、_____、_____等构成。

（3）在 PLC 系统中_____是 PLC 的核心组成部分，相当于人的大脑和心脏，它不断地采集_____、_____、_____的输出结果。

（4）输入（Input）和输出（Output）接口简称为_____接口，它们是 PLC 控制系统的眼、耳、手、脚，是联系外部现场和 CPU 模块的桥梁。

（5）PLC 的输出接口用来对输出设备进行控制，例如对接触器、电磁阀、指示灯等。输出接口有三种输出类型，即_____、_____、_____。

（6）PLC 系统中的存储器主要用于存放系统程序、用户程序和工作状态数据。根据 PLC 的工作原理，其存储空间一般包括以下三个区域：_____、_____、_____。

知识点 5：PLC 的工作原理

（1）PLC 在 RUN 工作模式时，执行一次扫描操作所需的时间称为_____。扫描周期与用户程序的长短和 CPU 执行指令的速度有关。

（2）输入 / 输出滞后时间又称为_____，是指 PLC 的外部输入信号发生变化的时刻到它控制的有关外部输出信号发生变化的时刻之间的时间间隔。

（3）在 PLC 运行时，PLC 要进行_____、_____、_____、_____、_____五个阶段，然后按上述过程循环扫描工作。

1-2　熟知西门子 S7-1200 PLC 工作页

知识点 1：S7-1200 概述

（1）SIMATIC S7 -1200 可应用于＿＿＿＿＿、＿＿＿＿＿、＿＿＿＿＿、＿＿＿＿＿、＿＿＿＿＿等范围。

（2）S7-1200 PLC 设计紧凑、使用灵活、成本低廉、功能强大，这些优势的组合可以满足各种各样的自动化需求。

（3）CPU 将＿＿＿＿＿、＿＿＿＿＿、＿＿＿＿＿、＿＿＿＿＿、＿＿＿＿＿以及＿＿＿＿组合到一个设计紧凑的外壳中，形成了功能强大的 PLC。CPU 集成了＿＿＿＿端口，可以实现 CPU 与编程设备、HMI 面板或者 CPU 与 CPU 的通信；还可使用通信模块通过＿＿＿＿或＿＿＿＿进行网络通信。

（4）CPU 的主要技术指标有＿＿＿＿＿、＿＿＿＿＿、＿＿＿＿＿、＿＿＿＿＿等。

知识点 2：PLC 的主要功能

（1）S7-1200 CPU 有三种操作模式：＿＿＿＿＿、＿＿＿＿＿和＿＿＿＿＿。CPU 前面的状态指示灯指示当前操作模式。

（2）S7-1200 的 CPU 集成了强大的＿＿＿＿＿、＿＿＿＿＿、＿＿＿＿＿和＿＿＿＿＿。

（3）S7-1200 CPU 有三类状态指示灯，用于指示 CPU 模块的运行状态，分别为＿＿＿＿指示灯、＿＿＿＿指示灯、＿＿＿＿指示灯。

（4）通过 I/O 状态指示灯的＿＿＿＿或＿＿＿＿来指示各种输入或输出的状态。

（5）S7-1200 CPU 提供了两个指示 PROFINET 通信状态的指示灯："Likn" 和 "Rx/Tx"，"Likn" 点亮时指示＿＿＿＿，"Rx/Tx" 点亮时指示＿＿＿＿。

（6）S7-1200 CPU 集成了一个 PROFINET 通信端口，支持＿＿＿＿、I＿＿＿＿与 S7 通信，该接口的数据传输速率为＿＿＿＿Mbit/s、＿＿＿＿Mbit/s，支持电缆交叉自适应，支持最多＿＿＿＿个以太网连接，可用于标准的或交叉的以太网，实现快速、简单、灵活的工业通信。

知识点 3：S7-1200 PLC 的安装

（1）S7-1200 PLC 尺寸较小，易于安装，是＿＿＿＿控制器。S7-1200 PLC 可以水平或垂直安装在外壳、控制柜或电控室内的面板或标准导轨上。

（2）安装 CPU 步骤：

①安装_____。按照每隔 75 mm 将导轨固定到安装板上。

②确保 CPU 和所有 S7-1200 设备都与_____断开。

③将 CPU 挂到 DIN 导轨_____。

④拉出 CPU 下方的 DIN 导轨卡夹以便能将 CPU 安装到导轨上。

⑤向下转动_____使其在导轨上就位。

⑥推入_____将 CPU 锁定到导轨上。

知识点 4：接线准则

（1）所有电气设备的正确接地和接线非常重要，因为这有助于确保实现最佳系统运行以及使用者的应用和 S7-1200 提供更好的电噪声防护。

（2）在规划 S7-1200 系统的接地和接线时，务必考虑_____问题。电子控制设备（如 S7-1200）可能会失灵和导致正在控制或监视的设备出现意外操作，因此，应采取一些独立于 S7-1200 的安全措施以防止可能的_____或_____。

（3）若使用_____或_____单通过交流线路给低压电路供电，可能会导致本来应当可以安全触摸的电路上出现危险电压，如通信电路和低压传感器线路。

（4）这种意外的高压可能会引起电击而导致_____、_____和 / 或_____。只应当使用合格的高压转低压整流器作为可安全接触的限压电路的供电电源。

（5）由于接通浪涌电流大，_____负载会损坏继电器触点。该浪涌电流通常是钨灯稳态电流的_____到_____倍。对于在应用期间将进行大量开关操作的灯负载，建议安装可更换的_____或_____。

1-3 编程工具 STEP 7 Basic 工作页

知识点1：编程工具 STEP 7 Basic 的特点

（1）SIMATIC STEP 7 Basic 是西门子公司开发的高集成度工程组态系统，包括面向任务的 HMI 智能组态软件 SIMATIC WinCC Basic。

（2）上述两个软件集成在一起，也称为_____，它提供了直观易用的编辑器，用于对 S7-1200 和精简系列面板进行高效组态。

（3）TIA Portal 可用来创建自动化系统，关键的组态步骤为：

①_____；　②_____；　③_____；　④_____；　⑤_____；

⑥_____；　⑦_____。

（4）在 TIA Portal 中，所有数据都存储在一个项目中。修改后的应用程序数据（如变量）会在整个项目内（甚至跨越多台设备）_____。

知识点2：STEP 7 Basic 的使用方法

（1）设备组态（Configuring）的任务就是在设备和网络编辑器中生成一个与实际的硬件系统对应的_____，包括系统中的设备（_____），_____、_____和_____版本。

（2）自动化系统启动时，CPU 比较组态时生成的_____和实际的_____，如果两个系统不一致，将采取相应的措施。

（3）在硬件组态时，需要将 I/O 模块或通信模块放置到工作区的机架的插槽内：用"_____"的方法放置硬件对象；用"_____"的方法放置硬件对象。

（4）可以删除设备视图或网络视图中的硬件组态组件，被删除的组件的地址可供其他组件使用。不能单独删除_____和_____，只能在网络视图或项目树中删除整个 PLC 站。

（5）删除硬件组件后，可以对硬件组态进行编译。编译时进行一致性检查，如果有错误将会显示_____，应改正错误后重新进行编译。

（6）添加了 CPU、信号板或信号模块后，它们的 I/O 地址是自动分配的。选中"_____"，可以看到 CPU 集成的 I/O 模板、信号板、信号模块的地址。

（7）模拟量输入/输出模块中模拟量对应的数字称为_____，模拟值用_____位二进制补码（整数）表示。最高位（第16位）为符号位，正数的符号位为_____，负数的符号位为_____。

（8）将MB1设置为系统存储器字节后，该字节M1.0～M1.3的含义：

M1.0（首次循环）：仅在进入RUN模式的首次扫描时为_____，以后为_____；

M1.1（诊断图形已更改）：CPU登录了诊断事件时，在一个扫描周期内为_____；

M1.2（始终为1）：总是为_____状态，其常开触点总是_____；

M1.3（始终为0）：总是为0状态，其常闭触点总是_____；

（9）CPU带有实时时钟（Time-of-day Clock），在PLC的电源断电时，用_____给实时时钟供电。PLC通电_____后，超级电容器被充了足够的能量，可以保证实时时钟运行_____天。

2-1　三相异步电动机的连续正转 PLC 控制工作页

一、工作内容与目标

1. 工作内容

某企业要求设计两台具有能分别独立启动或停止控制系统的电动机，而且有必要的保护措施。请你应用 S7-1200 PLC 及相关电气元件设计并安装一个电动机启停控制系统，工期为 2 课时。

2. 任务描述

这里有两个启动按钮 SB1、SB2，分别为第一台电动机的启动按钮和第二台电动机的启动按钮；两个停止按钮 SB3、SB4，分别为第一台电动机的停止按钮和第二台电动机的停止按钮。同时，两台电动机的过载保护必不可少，可以采用触点串联的方式节省 PLC 输入点位。输出只有两个，分别控制两台电动机。

3. 工作目标

合理选用 PLC 及相关器件，设计安装该电路系统并编写程序进行调试。

二、工作准备

1. 建立工作团队

每个小组由 4 ～ 6 名同学组成，其中设定一名同学作为组长，负责任务划分及整个工作过程的实施监督；老师负责安全与技术指导，组织学生轮换操作。

按照上述分工，将本小组人员安排如下（见工表 2-1-1）：

工表 2-1-1　任务分配单

第_____小组生产任务分配单			
任务名称：		申报时间：　年　月　日	
组长：		组员：	
姓名	负责任务	姓名	负责任务
	电路设计		安装施工
	程序设计		总结汇报
	系统调试		清理现场
	资料整理		…

2. 工具及耗材准备

请根据工作内容与目标制定所需的工具和材料，并填写工具和材料支领单，如工表 2-1-2 和工表 2-1-3 所示。

工表 2-1-2　工具支领单

名称	规格	单位	数量
支领人：		支领时间：	

工表 2-1-3　材料支领单

名称	规格	单位	数量
支领人：		支领时间：	

3. 相关知识准备

（1）在 PLC 机上，每个输入端子都有一个与之对应的＿＿＿＿＿＿＿＿＿＿＿＿，通常把输入过程映像寄存器等效为＿＿＿＿＿＿＿＿＿。输入继电器的作用是接收来自现场的＿＿＿＿＿＿、＿＿＿＿＿＿及各种＿＿＿＿＿等发出的开关量作为输入信号。

（2）输入继电器的地址符号通常采用＿＿＿＿进制编码，如"I0.0 ～ I0.7"。输入继电器以及后面介绍的输出继电器、定时器、计数器等，都称为＿＿＿＿，都具有线圈、常开触点和常闭触点。

（3）在 PLC 梯形图中，触点指令为"＿＿＿＿"结构。在指令的上侧部分为该触点的映像寄存器加上＿＿＿＿，例如"I0.0"中，"I"表示该指令为映像寄存器，"0.0"表示该指令的地址数为第"＿＿"组的第"＿＿"位。

（4）＿＿＿＿＿继电器的线圈不能出现在 PLC 梯形图中。

（5）当外部信号引入 PLC 输入过程映像寄存器时，输入继电器 I 的线圈得电，其触点随之动作，导致 PLC 输入继电器 I 的常开触点＿＿＿＿，常闭触点＿＿＿＿。

（6）PLC 触点主要有＿＿＿＿和＿＿＿＿两种形式。PLC 触点功能与常见继电器设备触点功能类似，即可将 PLC 梯形图中的各个触点看作继电控制线路中的开关变量。当触点闭合时，电路导通，电流可从该触点流过；当触点断开时，电路断开，电流不能从该触点流过。

（7）输出继电器用来存储 PLC 程序执行的_____，是 PLC 数据存储区中的_____。在每个扫描周期的执行用户程序等阶段，并不把输出结果信号真正输出，去驱动外部负载，而只是送到输出过程映像寄存器，只有在每个扫描周期的_____才将输出过程映像寄存器中的结果同时送到输出_____，由输出单元驱动外部负载。

（8）输出继电器的地址符号也采用_____进制编码，如"Q0.0～Q0.7"。

（9）线圈指令为"_____"结构。在指令的上侧部分为该线圈的映像寄存器加上地址位，例如"Q0.0"中，"Q"表示该指令为_____映像寄存器，"0.0"表示该指令的地址数为第"____"组的第"____"位。

（10）线圈，又称"_____"指令，PLC 线圈功能与常见继电器设备线圈功能类似。当 PLC 线圈得电后，会带动与 PLC 线圈同变量名的触点随之改其变常开或者常闭的工作状态。

4. 任务分析

（1）想一想：要使电动机持续运转，其技术难点是什么？

你用什么途径解决该难点？

_____

_____

_____

（2）说一说：按照任务要求，完成这个项目应该准备哪些工具？应该用到哪些材料？

_____

_____

_____

三、工作过程与记录分析

1. 电路设计

按任务要求合理分配 PLC 控制 I/O 接口（输入 / 输出）元件地址并绘制 I/O 地址分配表；设计并绘制主电路图及 PLC 控制 I/O 接口（输入 / 输出）接线图。

2. 安装与接线

按 PLC 控制主电路、I/O 接口（输入 / 输出）接线图在模拟配线板上正确安装，元件在配线板上布置要合理，布线行线要整齐、平直、紧固、美观，配线接线要正确、可靠、工艺合理，具体操作要熟练、准确，工艺达到考评的具体条件要求。

3. 设计程序

熟练操作 PLC 编程软件，正确地将所编程序输入 PLC，并将程序编制技术文件整理在下面。

4. 系统调试

正确使用电工工具及万用表进行检查，确保人身和设备安全，按照被控设备的动作要求进行模拟演练，达到设计要求。

四、工作总结

（1）通过完成该任务，你和你的团队成员掌握了哪些技能？

_____

_____

_____

（2）在工作过程中你有什么心得体会和经验教训？

_____

_____

_____

（3）你们是否达到了预先制定的工作目标？

（4）其他收获：

五、任务评价

学习活动一综合评价表如工表 2-1-4 所示。

工表 2-1-4　学习活动一综合评价表

项目	自我评价			小组评价			教师评价		
	10～9	8～6	5～1	10～9	8～6	5～1	10～9	8～6	5～1
	占总评10%			占总评30%			占总评60%		
收集信息									
绘制电路图									
程序设计									
安装与调试									
回答问题									
学习主动性									
协作精神									
工作页质量									
纪律观念									
表达能力									
工作态度									
小计									
总评									

2-2 用 PLC 改造三相异步电动机正反转控制线路工作页

一、工作内容与目标

1. 工作内容

某企业要求设计两台具有按照一定要求能够启动或停止控制系统的电动机，而且有必要的保护措施。请你应用 S7-1200 PLC 及相关电气元件设计并安装一个电动机启停控制系统，工期为 2 课时。

2. 任务描述

（1）第 1 台电动机启动后，第 2 台电动机才能启动。

（2）第 2 台电动机停止后，第 1 台电动机才能停止。

这里有两个启动按钮 SB1、SB2，分别为第一台电动机的启动按钮和第二台电动机的启动按钮；两个停止按钮 SB3、SB4，分别为第一台电动机的停止按钮和第二台电动机的停止按钮。同时，两台电动机的过载保护必不可少，可以采用触点串联的方式节省 PLC 输入点位。输出只有两个，分别控制两台电动机。

3. 工作目标

合理选用 PLC 及相关器件，设计安装该电路系统并编写程序进行调试（要求使用置位复位指令完成程序编写）。

二、工作准备

1. 建立工作团队

每个小组由 4～6 名同学组成，其中设定一名同学作为组长，负责任务划分及整个工作过程的实施监督；老师负责安全与技术指导，组织学生轮换操作。

按照上述分工，将本小组人员安排如下（见工表 2-2-1）：

工表 2-2-1 任务分配单

第_____小组生产任务分配单			
任务名称：		申报时间：　年　月　日	
组长：		组员：	
姓名	负责任务	姓名	负责任务
	电路设计		安装施工
	程序设计		总结汇报
	系统调试		清理现场
	资料整理		…

2. 工具耗材准备

请根据工作内容与目标制定所需的工具和材料，并填写工具和材料支领单，如工表2-2-2和工表2-2-3所示。

工表 2-2-2　工具支领单

名称	规格	单位	数量
支领人：		支领时间：	

工表 2-2-3　材料支领单

名称	规格	单位	数量
支领人：		支领时间：	

3. 相关知识准备

（1）使用"＿＿＿＿＿＿＿＿"指令，可将指定操作数的信号状态置位为"1"。

（2）使用"复位输出"指令将指定操作数的信号状态复位为"＿＿＿"。

（3）置位输出指令与复位输出指令最主要的特点是有＿＿＿＿＿和＿＿＿＿＿功能。

（4）使用"＿＿＿＿＿＿＿＿"指令对从某个特定地址开始的多个位进行置位。

（5）对于置位位域指令，可使用值＜操作数1＞指定要置位的＿＿＿＿＿。要置位位域的＿＿＿＿＿由＜操作数2＞指定。

（6）使用"＿＿＿＿＿＿＿＿"指令，可对从某个特定地址开始的多个位进行复位。

（7）对于复位位域指令，如果＜操作数1＞的值大于所选字节的位数，将复位＿＿＿＿＿中的位。

（8）对于置位/复位触发器指令，输入R1的优先级＿＿＿＿＿输入S；输入S和R1的信号状态都为"1"时，指定操作数的信号状态将复位为"＿＿＿＿＿"。

（9）对于置位/复位触发器指令，如果输入S的信号状态为"1"且输入R1的信号状态为"0"，则将指定的操作数置位为"＿＿＿"。

（10）对于复位 / 置位触发器指令，如果输入 R 的信号状态为"0"且输入 S1 的信号状态为"1"，则将指定的操作数置位为"＿＿＿"。

（11）对于复位 / 置位触发器指令，输入 S1 的优先级＿＿＿＿＿＿输入 R。当输入 R 和 S1 的信号状态均为"1"时，将指定操作数的信号状态置位为"＿＿＿"。

（12）下降沿检测指令能够检测信号从＿＿＿＿＿变为＿＿＿＿＿时的下降沿，并保持 RLO=1 一个扫描周期。

（13）上升沿检测指令能够检测信号从＿＿＿＿＿变为＿＿＿＿＿时的状态，并保持 RLO=1 一个扫描周期。

（14）常用的联机调试 PLC 程序的方法有以下两种：＿＿＿＿＿＿＿＿＿＿＿＿＿＿和
＿＿＿＿＿＿＿＿＿＿＿＿。

（15）LAD 编辑器以＿＿＿＿＿＿显示信号流。

（16）监视表格提供了可用于修改 I/O 值的"＿＿＿＿＿＿"（Force）功能。

4. 任务分析

（1）想一想：要使两台电动机顺序启动逆序停止，其技术难点是什么？
你用什么途径解决该难点？

_____

（2）说一说：按照任务要求，完成这个项目应该准备哪些工具？应该用到哪些材料？

_____

三、工作过程与记录分析

1. 电路设计

按任务要求合理分配 PLC 控制 I/O 接口（输入 / 输出）元件地址并绘制 I/O 地址分配表；设计并绘制主电路图及 PLC 控制 I/O 接口（输入 / 输出）接线图。

2. 安装与接线

按 PLC 控制主电路、I/O 接口（输入 / 输出）接线图在模拟配线板上正确安装，元件在配线板上布置要合理，布线行线要整齐、平直、紧固、美观，配线接线要正确、可靠、工艺合理，具体操作要熟练、准确，工艺达到考评的具体条件要求。

3. 设计程序

熟练操作 PLC 编程软件，正确地将所编程序输入 PLC，并将程序编制技术文件整理在下面。

4. 系统调试

正确使用电工工具及万用表进行检查，确保人身和设备安全，按照被控设备的动作要求进行模拟演练，达到设计要求。

四、工作总结

（1）通过完成该任务，你和你的团队成员掌握了哪些技能？

（2）在工作过程中你有什么心得体会和经验教训？

（3）你们是否达到了预先制定的工作目标？

（4）其他收获：

五、任务评价

学习活动一综合评价表如工表2-2-4所示。

工表2-2-4 学习活动一综合评价表

项目	自我评价			小组评价			教师评价		
	10～9	8～6	5～1	10～9	8～6	5～1	10～9	8～6	5～1
	占总评10%			占总评30%			占总评60%		
收集信息									
绘制电路图									
程序设计									
安装与调试									
回答问题									
学习主动性									
协作精神									
工作页质量									
纪律观念									
表达能力									
工作态度									
小计									
总评									

2-3 三相异步电动机正反转星－三角降压启动控制工作页

一、工作内容与目标

1. 工作内容

某企业要求设计两台具有按照一定要求能够启动或停止控制系统的电动机，而且有必要的保护措施。请你应用 S7-1200 PLC 及相关电气元件设计并安装一个电动机启停控制系统，工期为 2 课时。

2. 任务描述

（1）第 1 台电动机启动 10 s 后第 2 台电动机自动启动。

（2）当按下停止按钮时，两台电动机同时停止。

这里只有一个启动按钮 SB1，一个停止按钮 SB2，分别控制电动机的启动与停止。同时，两台电动机的过载保护必不可少，可以采用触点串联的方式节省 PLC 输入点位。输出只有两个，分别控制两台电动机。

3. 工作目标

合理选用 PLC 及相关器件，设计安装该电路系统并编写程序进行调试。

二、工作准备

1. 建立工作团队

每个小组由 4 ～ 6 名同学组成，其中设定一名同学作为组长，负责任务划分及整个工作过程的实施监督；老师负责安全与技术指导，组织学生轮换操作。

按照上述分工，将本小组人员安排如下（见工表 2-3-1）：

工表 2-3-1 任务分配单

第_____小组生产任务分配单			
任务名称：		申报时间：　　年　　月　　日	
组长：		组员：	
姓名	负责任务	姓名	负责任务
	电路设计		安装施工
	程序设计		总结汇报
	系统调试		清理现场
	资料整理		…

2. 工具及耗材准备

请根据工作内容与目标制定所需的工具和材料，并填写工具和材料支领单，如工表 2-3-2 和工表 2-3-3 所示。

工表 2-3-2 工具支领单

名称	规格	单位	数量
支领人：		支领时间：	

工表 2-3-3 材料支领单

名称	规格	单位	数量
支领人：		支领时间：	

3. 相关知识准备

（1）定时器指令主要是 PLC 的一种_____功能运行指令，不会占用 PLC 实际的输入和输出地址。

（2）西门子 PLC 的定时器指令主要包括_____、_____、_____、_____等几种常用定时器指令类型。

（3）各定时器指令主要包括输入部分"IN、PT"，输出部分"Q、ET"，以及指令名称等几部分。

IN：_____信号，数据类型为_____。定时器指令启动使能端，在 IN 端输入状态由 0 变为 1 时，启动定时器指令。

PT：输入信号，数据类型为常数、地址等。定时器指令的参考_____数据。

Q：_____信号，数据类型为_____。

ET：输出信号，数据类型为常数、地址。定时器指令运行时，输出定时器的_____。

R：输入信号，数据类型为 Bool。定时器指令运行时，可将定时器的定时时间_____。

（4）脉冲定时器指令 TP，又称_____指令，该指令在输入端"IN"上采集到启动信号后，会在输出端"Q"上产生一个周期性的_____信号。

接通延时定时器指令 TON。该指令在输入端"IN"上采集到启动信号后定时器指令开始运行，并经过 PT 设定的延时时间后，在输出端"Q"上产生一个输出信号。

（5）关断延时定时器指令 TOF 在输入端"IN"上采集到启动信号后定时器指令并不运行，当"IN"端上采集到_____信号后定时器指令才开始延时运行，_____到达后在输出端"Q"上产生一个输出信号。

（6）时间累加器指令在输入端"IN"上采集到启动信号后定时器指令开始运行，此时，若定时器运行时间未达到"PT"延时时间，且输入端的启动信号突然消失，则指令已经运行的延时时间将被_____。当输入端的启动信号恢复后，该指令将在已经完成的延时时间基础上继续进行延时运行，最终达到_____后在输出端"Q"上产生一个输出信号。

4. 任务分析

（1）想一想：要使两台电动机顺序启动逆序停止，其技术难点是什么？你用什么途径解决该难点？

（2）说一说：按照任务要求，完成这个项目应该准备哪些工具？应该用到哪些材料？

三、工作过程与记录分析

1. 电路设计

按任务要求合理分配 PLC 控制 I/O 接口（输入 / 输出）元件地址并绘制 I/O 地址分配表；设计并绘制主电路图及 PLC 控制 I/O 接口（输入 / 输出）接线图。

2. 安装与接线

按 PLC 控制主电路、I/O 口（输入 / 输出）接线图在模拟配线板上正确安装，元件在配线板上布置要合理，布线行线要整齐、平直、紧固、美观，配线接线要正确、可靠、工艺合理，具体操作要熟练、准确，工艺达到考评的具体条件要求。

3. 设计程序

熟练操作 PLC 编程软件，正确地将所编程序输入 PLC，并将程序编制技术文件整理在下面。

4．系统调试

正确使用电工工具及万用表进行检查，确保人身和设备安全，按照被控设备的动作要求进行模拟演练，达到设计要求。

四、工作总结

（1）通过完成该任务，你和你的团队成员掌握了哪些技能？

（2）在工作过程中你有什么心得体会和经验教训？

（3）你们是否达到了预先制定的工作目标？

（4）其他收获：

五、任务评价

学习活动一综合评价表如工表 2-3-4 所示。

工表 2-3-4 学习活动一综合评价表

项目	自我评价			小组评价			教师评价		
	10～9	8～6	5～1	10～9	8～6	5～1	10～9	8～6	5～1
	占总评 10%			占总评 30%			占总评 60%		
收集信息									
绘制电路图									
程序设计									
安装与调试									
回答问题									
学习主动性									
协作精神									
工作页质量									
纪律观念									
表达能力									
工作态度									
小计									
总评									

3-1 顺序控制概述工作页

一、工作内容与目标

1. 工作内容

某设计单位承接了某自动化生产线上对运送货物的小车进行控制的一个项目，要求运送小车能够按要求自动往返控制进行运料。要求应用 S7-1200 PLC 及相关电气元件设计并安装一个小车自动往返的控制系统，如工图 3-1-1 所示，工期为 2 课时。

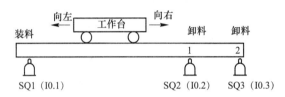

工图 3-1-1 运料小车示意图

2. 任务描述

（1）在原始位置小车压合着行程开关 SQ1，当按下启动按钮 SB（I0.0）后，小车电动机正转（Q0.0）开始启动向右移动。

（2）当压合行程开关 SQ2 时小车停止，并延时 5 s。

（3）5 s 时间到，小车电动机反转（Q0.1）开始向左移动。

（4）当压合行程开关 SQ1 时小车停止，并延时 5 s。

（5）5 s 时间到，小车电动机正转（Q0.0）开始向右移动。

（6）当压合行程开关 SQ3 时小车停止，并延时 5 s。

（7）5 s 时间到，小车电动机反转（Q0.1）开始向左移动。

（8）当压合行程开关 SQ1 时小车停止，一个周期的运动完成，等待下一次按启动按钮 SB 再继续移动。

3. 工作目标

合理选用 PLC 及相关器件，设计安装该电路系统并编写时序图和顺序功能图。

二、工作准备

1. 建立工作团队

每个小组由 4 ～ 6 名同学组成，其中设定一名同学作为组长，负责任务划分及整个工作过程的实施监督；老师负责安全与技术指导，组织学生轮换操作。

按照上述分工，将本小组人员安排如下（见工表 3-1-1）：

工表 3-1-1　任务分配单

第_____小组生产任务分配单			
任务名称：		申报时间：　　年　　月　　日	
组长：		组员：	
姓名	负责任务	姓名	负责任务
	电路设计		安装施工
	程序设计		总结汇报
	系统调试		清理现场
	资料整理		……

2. 工具及耗材准备

请根据工作内容与目标制定所需的工具和材料，并填写工具和材料支领单，如工表 3-1-2 和工表 3-1-3 所示。

工表 3-1-2　工具支领单

名称	规格	单位	数量
支领人：		支领时间：	

工表 3-1-3　材料支领单

名称	规格	单位	数量
支领人：		支领时间：	

3. 相关知识准备

（1）顺序控制就是按照_____预先规定的顺序，在各个_____和_____的作用下，根据_____和_____的顺序，在生产过程中各个执行机构自动地有_____地_____进行操作的控制。

（2）顺序功能图文字符号是_____，是描述控制系统的控制过程、功能和特性的一种_____语言，也是设计 PLC 的顺序控制程序的依据。

（3）顺序控制设计法的条件：

①_____

②_____

③_____

（4）顺序功能图的组成由_____、_____、_____和_____组成。

（5）步是根据_____的状态变化来划分的。为更清晰地表明输出量的变化，根据控制系统的要求画出_____图。

（6）步分为_____、_____和_____。初始步在顺序功能图中放在最上面，且用_____框来表示（其他步用_____框表示），每个顺序功能图中至少要有_____初始步；当系统程序_____时，该步就为不活动步；当系统程序_____时，该步即活动步。

（7）每步在满足转移条件时，都会转移到下一步，并_____上一步，因此必须清楚各步要完成的任务、转移的条件和转移的方向。

（8）转换条件可以是_____信号，如按钮、行程开关、传感器等的接通或断开；也可是_____信号，如辅助继电器、定时器、计数器等触点的接通或断开。

（9）选择启动系统存储器字节的地址，默认状态下是MB1，也可设置为其他字节。如选MB1时就用_____这个初始化脉冲常开触点来启动初始步，否则初始步就_____。

（10）顺序功能图的基本结构有_____序列、_____序列和_____序列三种。

4. 任务分析

（1）想一想：要使小车在这三个点中自动往返，其技术难点是什么？你用什么途径解决该难点？

_____

（2）说一说：按照任务要求，完成这个项目应该准备哪些工具？应该用到哪些材料？

_____

三、工作过程与记录分析

1. 电路设计

按任务要求合理分配PLC控制I/O接口（输入/输出）元件地址，画出I/O分配表；设计并绘制主电路图及PLC控制I/O接口（输入/输出）接线图。

2. 安装与接线

按PLC控制主电路、I/O接口（输入/输出）接线图在模拟配线板上正确安装，元件在配线板上布置要合理，布线行线要整齐、平直、紧固、美观，配线接线要正确、可靠、工艺合理，具体操作要熟练、准确，工艺达到考评的具体条件要求。

3. 设计时序图与顺序功能图

熟练划分工作步，找出初始步、步、转换条件、每步的动作，并将这两个图编制技术文件整理在下面。

4. 系统调试

正确使用电工工具及万用表进行检查，确保人身和设备安全，按照被控设备的动作要求进行模拟演练，达到设计要求。

四、工作总结

（1）通过完成该任务，你和你的团队成员掌握了哪些技能？

_____

（2）在工作过程中你有什么心得体会和经验教训？

_____

（3）你们是否达到了预先制定的工作目标？

_____

（4）其他收获：

_____

五、任务评价

学习活动一综合评价表如工表 3-1-4 所示。

工表 3-1-4　学习活动一综合评价表

项目	自我评价			小组评价			教师评价		
	10～9	8～6	5～1	10～9	8～6	5～1	10～9	8～6	5～1
	占总评 10%			占总评 30%			占总评 60%		
收集信息									
绘制电路图									
程序设计									
安装与调试									
回答问题									
学习主动性									
协作精神									
工作页质量									
纪律观念									
表达能力									
工作态度									
小计									
总评									

3-2 轧钢机的 PLC 控制工作页

一、工作内容与目标

1. 工作内容

某单位接到一个工厂对冲床进行加工的项目，要求冲床对工件进行自动打孔。请你应用 S7-1200 PLC 及相关电气元件设计并安装一个多种花样切换的彩灯，工期为 4 课时。

2. 任务描述

某压力机的冲压头在初始状态位于工作面的上面，限位开关 SQ1 被压合，当按下启动按钮 SB1 时，电磁阀线圈 YV1 通电冲压头下行。当压到工件时触碰限位开关 SQ2，开始延时 5 s，时间到工件停止下行并延时 1 s，1 s 后电磁阀线圈 YV2 通电冲压头上行，行至初始位置时碰触限位开关 SQ1 停止并等待下一周期的运行。

3. 工作目标

合理选用 PLC 及相关器件，设计安装该电路系统并编写程序进行调试。

二、工作准备

1. 建立工作团队

每个小组由 4～6 名同学组成，其中设定一名同学作为组长，负责任务划分及整个工作过程的实施监督；老师负责安全与技术指导，组织学生轮换操作。

请按照上述分工，将本小组人员安排如下（见工表 3-2-1）：

工表 3-2-1　任务分配单

<table>
<tr><td colspan="4" align="center">第_____小组生产任务分配单</td></tr>
<tr><td colspan="2">任务名称：</td><td colspan="2">申报时间：　　年　　月　　日</td></tr>
<tr><td colspan="2">组长：</td><td colspan="2">组员：</td></tr>
<tr><td>姓名</td><td>负责任务</td><td>姓名</td><td>负责任务</td></tr>
<tr><td></td><td>电路设计</td><td></td><td>安装施工</td></tr>
<tr><td></td><td>程序设计</td><td></td><td>总结汇报</td></tr>
<tr><td></td><td>系统调试</td><td></td><td>清理现场</td></tr>
<tr><td></td><td>资料整理</td><td></td><td>…</td></tr>
</table>

2. 工具及耗材准备

请根据工作内容与目标制定所需的工具和材料，并填写工具和材料支领单，如工表 3-2-2 和工表 3-2-3 所示。

工表 3-2-2 工具支领单

名称	规格	单位	数量
支领人：		支领时间：	

工表 3-2-3 材料支领单

名称	规格	单位	数量
支领人：		支领时间：	

3. 相关知识准备

（1）单序列结构是由一系列按一定顺序相激活的步组成的，每一个步下面只有 _____，一个转换只有 _____。

（2）在编写梯形图时，由于每执行到下一步时，上一步都要停止运行，因此就避免了 _____ 的问题。

（3）S7-1200 中目前顺序功能图常用的编写程序的方法有两种：_____

_____的编程方法（S7-1200 以前的型号还可使用顺序控制继电器指令的编程方法）。

（4）启保停电路主要是由_____、_____、_____和串接_____组成的。

（5）停止电路是由下一步的编程元件的_____（或和急停按钮串联）组成的，它只在停止的瞬间断开。

（6）保持电路是由该步被控制的位存储器的_____与启动电路并联组成的，它必须与启保停电路中的线圈属于同一位存储器。

4. 任务分析

（1）想一想：这里有一个启动按钮 SB1、两个限位开关 SQ1 和 SQ2 共三个输入，两个电磁阀 YV1 和 YV2 为输出，并通过分析可知没有选择性分支，也没有并行分支，为_____结构的顺序控制。通过分析可知，这个过程一共划分_____步。

（2）说一说：按照任务要求，完成这个项目应该准备哪些工具？应该用到哪些材料？

三、工作过程与记录分析

1. 电路设计

按任务要求合理分配 PLC 控制 I/O 接口（输入 / 输出）元件地址，画出 I/O 分配表；设计并绘制主电路图及 PLC 控制 I/O 接口（输入 / 输出）接线图。

2. 安装与接线

按 PLC 控制主电路、I/O 接口（输入 / 输出）接线图在模拟配线板上正确安装，元件在配线板上布置要合理，布线行线要整齐、平直、紧固、美观，配线接线要正确、可靠、工艺合理，具体操作要熟练、准确，工艺达到考评的具体条件要求。

3. 设计程序

熟练操作 PLC 编程软件，正确地将所编程序输入 PLC，并将程序编制技术文件整理在下面。

4. 系统调试

正确使用电工工具及万用表进行检查，确保人身和设备安全的情况下通电试运行，按照被控设备的动作要求进行模拟调试，达到设计要求。

四、工作总结

（1）通过完成该任务，你和你的团队成员掌握了哪些技能？

（2）在工作过程中你有什么心得体会和经验教训？

（3）你们是否达到了预先制定的工作目标？

（4）其他收获：

五、任务评价

学习活动一综合评价表如工表 3-2-4 所示。

工表 3-2-4　学习活动一综合评价表

项目	自我评价			小组评价			教师评价		
	10～9	8～6	5～1	10～9	8～6	5～1	10～9	8～6	5～1
	占总评 10%			占总评 30%			占总评 60%		
收集信息									
绘制电路图									
程序设计									
安装与调试									
回答问题									
学习主动性									
协作精神									
工作页质量									
纪律观念									
表达能力									
工作态度									
小计									
总评									

3-3 自动门的 PLC 控制工作页

一、工作内容与目标

1. 工作内容

某设计单位接到了某工厂设计机械手臂工作的项目，要求机械手臂能够自动分拣出大小球。请你应用 S7-1200 PLC 及相关电气元件设计并安装机械手臂能够自动分拣出大小球的系统，工期为 4 课时。

2. 任务描述

某机械手臂分拣大小球的控制中，机械手臂起始位置在机械的原点，压合着左限位开关 SQ1 和上限位开关 SQ3。当按下启动按钮 SB1 时，机械手臂开始向下移动并延时 2 s，当压合住下限位开关 SQ2 时说明是小球，如果压合不住下限位开关说明是大球。2 s 时间到电磁铁线圈得电，手臂夹紧并延时 1 s，然后开始上升，当压合上限开关 SQ3 时停止上移，开始向右移动。如是小球压合行程开关 SQ4（大球压合行程开关 SQ5）时，手臂开始下降，当球压合下限位开关 QS2 时，停止下移，电磁铁线圈失电释放小（大）球，同时延时 1 s，然后开始上移。当压合限位开关 QS3 时，停止上移，开始向左移动，当压合限位开关 QS1 时停止，回到原始点，并等待下一周期的运行。机械手分拣大小球的工作示意图如工图 3-3-1 所示。

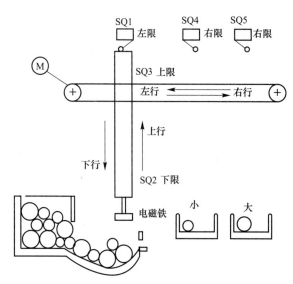

工图 3-3-1 机械手分拣大小球的工作示意图

3. 工作目标

合理选用 PLC 及相关器件，设计安装该电路系统并编写程序进行调试。

二、工作准备

1. 建立工作团队

每个小组由 4～6 名同学组成，其中设定一名同学作为组长，负责任务划分及整个工作过程的实施监督；老师负责安全与技术指导，组织学生轮换操作。

请按照上述分工，将本小组人员安排如下（见工表 3-3-1）：

工表 3-3-1 任务分配单

第_____小组生产任务分配单			
任务名称：		申报时间： 年 月 日	
组长：		组员：	
姓名	负责任务	姓名	负责任务
	电路设计		安装施工
	程序设计		总结汇报
	系统调试		清理现场
	资料整理		...

2. 工具及耗材准备

请根据工作内容与目标制定所需的工具和材料，并填写工具和材料支领单，如图工表 3-3-2 和工表 3-3-3 所示。

工表 3-3-2 工具支领单

名称	规格	单位	数量
支领人：		支领时间：	

工表 3-3-3 材料支领单

名称	规格	单位	数量
支领人：		支领时间：	

3. 相关知识准备

（1）选择序列顺序功能图的编程，主要是处理选择序列＿＿＿＿＿＿＿＿的编程方法。

（2）选择序列某步下面有几个分支，就有多少由代表上步＿＿＿＿的常开触点与转换条件的触点＿＿联组成启动电路。

（3）选择序列中选择性分支的上一步的编程方法与单序列的不同之处在于"＿＿"。

（4）置位指令 S 和复位指令 R 总是＿＿＿＿出现的。

（5）将代表前级步的位存储器的常开触点与启动该步的条件常开触点组成的串联电路，作为使该步置位（用 S 指令）和使前级步复位（用 R 指令）的＿＿＿＿。

（6）用置位与复位命令编写梯形图处理动作时，＿＿＿＿把输出线圈与置位指令和复位指令并联。因为该步一旦被置位，上一步同时被复位，启动条件中的上一步的常开触点就打开，输出得电的时间太短只有＿＿＿＿＿＿，不能满足控制的要求。

4. 任务分析

（1）想一想：要使这个机械手能够自动分拣出大小球功能，其技术难点是什么？你用什么途径解决该难点？

（2）说一说：按照任务要求，完成这个项目应该准备哪些工具？应该用到哪些材料？

三、工作过程与记录分析

1. 电路设计

按任务要求合理分配 PLC 控制 I/O 接口（输入／输出）元件地址，画出 I/O 分配表；设计并绘制主电路图及 PLC 控制 I/O 接口（输入／输出）接线图。

2. 安装与接线

按 PLC 控制主电路、I/O 接口（输入／输出）接线图在模拟配线板上正确安装，元件在配线板上布置要合理，布线行线要整齐、平直、紧固、美观，配线接线要正确、可靠、工艺合理，具体操作要熟练、准确，工艺达到考评的具体条件要求。

3. 设计程序

熟练操作 PLC 编程软件，正确地将所编程序输入 PLC，并将程序编制技术文件整理在下面。

4. 系统调试

正确使用电工工具及万用表进行检查，确保人身和设备安全的情况下通电试运行，按照被控设备的动作要求进行模拟调试，达到设计要求。

四、工作总结

（1）通过完成该任务，你和你的团队成员掌握了哪些技能？

（2）在工作过程中你有什么心得体会和经验教训？

（3）你们是否达到了预先制定的工作目标？

（4）其他收获：

五、任务评价

学习活动一综合评价表如工表 3-3-4 所示。

工表 3-3-4　学习活动一综合评价表

项目	自我评价			小组评价			教师评价		
	10～9	8～6	5～1	10～9	8～6	5～1	10～9	8～6	5～1
	占总评 10%			占总评 30%			占总评 60%		
收集信息									
绘制电路图									
程序设计									
安装与调试									
回答问题									
学习主动性									
协作精神									
工作页质量									
纪律观念									
表达能力									
工作态度									
小计									
总评									

3-4 交通信号灯的 PLC 控制工作页

一、工作内容与目标

1. 工作内容

某设计单位接到了某工厂对组合钻床加工的设计项目，要求组合钻床用来加工圆盘状零件，圆盘上均匀分布着大小不同的 6 个孔。请你应用 S7-1200 PLC 及相关电气元件设计并安装可自动加工的程序，工期为 4 课时。

2. 任务描述

某专用的组合钻床用来加工圆盘状零件，圆盘上均匀分布着大小不同的 6 个孔。在加工前大、小钻头的起始位置在机械的原点，压合着上限位开关 SQ1 和上限位开关 SQ2。当放好工件后，按下启动按钮 SB1（I0.0）时，Q0.0 得电工件被夹紧，当工件被夹紧后压力继电器 I0.1 闭合，Q0.1 和 Q0.2 同时得电分别带动大、小钻头同时开始向下移动开始钻孔。当分别钻到表示深度的限位开关 SQ3 和 SQ4 时，大、小钻头分别在 Q0.3 和 Q0.4 的带动下向上移动，升到限位开关 SQ1 和 SQ2 时，分别停止上移。设定值为 3 的计数器 C0 的当前值累加 1。当两个钻头都到位后，Q0.5 就会使工件旋转 120°，旋转到位时压合限位开关 SQ5，旋转结束，之后又开始钻第二对孔。等到 3 对孔都钻完后，计数器的当前值为 3，它的常开触点闭合，使 Q0.6 工作，使工件松开，松开到压合行程开关 SQ6 时，系统返回到初始状态等待下一周期的运行。画出实现此功能的 PLC 的 I/O 地址表、外部接线图、控制系统的顺序功能图和梯形图，并调试程序。双头钻床的工作示意图如工图 3-4-1 所示。

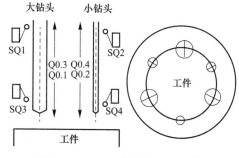

工图 3-4-1 双头钻床的工作示意图

3. 工作目标

合理选用 PLC 及相关器件，设计安装组合钻床钻孔的电路系统并编写程序进行调试。

二、工作准备

1. 建立工作团队

每个小组由 4 ～ 6 名同学组成，其中设定一名同学作为组长，负责任务划分及整个工作过程的实施监督；老师负责安全与技术指导，组织学生轮换操作。

请按照上述分工，将本小组人员安排如下（见工表 3-4-1）：

工表 3-4-1　任务分配单

第_____小组生产任务分配单				
任务名称：		申报时间：　　年　月　　日		
组长：	组员：			
姓名	负责任务		姓名	负责任务
	电路设计			安装施工
	程序设计			总结汇报
	系统调试			清理现场
	资料整理			……

2. 工具及耗材准备

请根据工作内容与目标制定所需的工具和材料，并填写工具和材料支领单，如工表 3-4-2 和工表 3-4-3 所示。

工表 3-4-2　工具支领单

名称	规格	单位	数量
支领人：		支领时间：	

工表 3-4-3　材料支领单

名称	规格	单位	数量
支领人：		支领时间：	

3. 相关知识准备

（1）与选择序列加以区别，强调转换是_____进行的，并行序列顺序功能图在开始分支时在条件的下方用_____框来表示。为强调当所有的分支序列结束后满足一定的条件才合并向下转换，在顺序功能图中合并也用_____框表示。

（2）分支时转换条件在双线框之_____，即只有当满足条件时才能有两条或两条以上的分支被转换；合并时转换条件在双线框_____，即只有当_____分支独立进行到结束后（即合并前一步都是活动步）满足一定的条件才能合并在一起。

（3）当用置位和复位指令编程时，并行序列的分支是当满足条件后将_____激活多个后续步，因此在条件电路的后面应_____有多个线圈被_____。

（4）并行序列的合并是当所有的前级步都是_____且满足转换条件时，就可合并到下一后续步。

4. 任务分析

（1）想一想：要实现组合钻床自动钻孔的功能，其技术难点是什么？你用什么途径解决该难点？

（2）说一说：按照任务要求，完成这个项目应该准备哪些工具？应该用到哪些材料？

三、工作过程与记录分析

1. 电路设计

按任务要求合理分配 PLC 控制 I/O 接口（输入 / 输出）元件地址，画出 I/O 分配表；设计并绘制主电路图及 PLC 控制 I/O 接口（输入 / 输出）接线图。

2. 安装与接线

按 PLC 控制主电路、I/O 接口（输入 / 输出）接线图在模拟配线板上正确安装，元件在配线板上布置要合理，布线行线要整齐、平直、紧固、美观，配线接线要正确、可靠、工艺合理，具体操作要熟练、准确，工艺达到考评的具体条件要求。

3. 设计程序

熟练操作 PLC 编程软件，正确地将所编程序输入 PLC，并将程序编制技术文件整理在下面。

4. 系统调试

正确使用电工工具及万用表进行检查，确保人身和设备安全情况下通电试运行，按照被控设备的动作要求进行模拟调试，达到设计要求。

四、工作总结

（1）通过完成该任务，你和你的团队成员掌握了哪些技能？

___

___

（2）在工作过程中你有什么心得体会和经验教训？

___

___

（3）你们是否达到了预先制定的工作目标？

___

___

（4）其他收获：

___

___

五、任务评价

学习活动一综合评价表如工表 3-4-4 所示。

工表 3-4-4　学习活动一综合评价表

项目	自我评价			小组评价			教师评价		
	10～9	8～6	5～1	10～9	8～6	5～1	10～9	8～6	5～1
	占总评 10%			占总评 30%			占总评 60%		
收集信息									
绘制电路图									
程序设计									
安装与调试									
回答问题									
学习主动性									
协作精神									
工作页质量									
纪律观念									
表达能力									
工作态度									
小计									
总评									

4-1 花样彩灯控制工作页

一、工作内容与目标

1. 工作内容

某广告公司承接了一个公园景区展示工程项目，要求在夜晚景区安装花样彩灯。请你应用 S7-1200 PLC 及相关电气元件设计并安装一个多种花样切换的彩灯，工期为 4 课时。

2. 任务描述

应用 S7-1200 PLC 实现彩灯的手动/自动工作。将手动/自动切换开关 SD 旋转至自动挡，PLC 上电后 8 个发光二极管 LED1 ～ LED8 自左向右依次点亮，每次亮一个。将转换开关 SD 旋转至手动挡，8 个发光二极管的初始状态为全部熄灭，按下移位按键 S1，最左端的发光二极管 LED1 点亮。之后每按动一次移位按键 S1，发光二极管自动向右移动点亮一位，依次循环。

3. 工作目标

合理选用 PLC 及相关器件，设计安装该电路系统并编写程序进行调试。

二、工作准备

1. 建立工作团队

每个小组由 4 ～ 6 名同学组成，其中设定一名同学作为组长，负责任务划分及整个工作过程的实施监督；老师负责安全与技术指导，组织学生轮换操作。

请按照上述分工，将本小组人员安排如下（见工表 4-1-1）：

工表 4-1-1 任务分配单

第_____小组生产任务分配单			
任务名称：		申报时间： 年 月 日	
组长：		组员：	
姓名	负责任务	姓名	负责任务
	电路设计		安装施工
	程序设计		总结汇报
	系统调试		清理现场
	资料整理		…

2. 工具及耗材准备

请根据工作内容与目标制定所需的工具和材料，并填写工具和材料支领单，如工表
4-1-2 和工表 4-1-3 所示。

工表 4-1-2　工具支领单

名称	规格	单位	数量
支领人：		支领时间：	

工表 4-1-3　材料支领单

名称	规格	单位	数量
支领人：		支领时间：	

3. 相关知识准备

（1）关于移动指令 MOVE，有如下程序示例，如工图 4-1-1 所示。

工图 4-1-1　MOVE 指令程序

该指令在程序中的功能是：_____

_____

MOVE 指令的 IN 端口作用是：_____

_____

MOVE 指令的 EN 端口作用是：_____

_____

如果要控制 Q0.0 ～ Q0.7 的输出信号是 10101010，那么程序该如何编写？

_____

_____

（2）说一说：移位指令和循环移位指令都有哪几类？其程序符号是什么？

（3）关于移动指令，其符号如工图 4-1-2 所示：

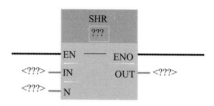

工图 4-1-2　移动指令符号

想一想：上图的符号是什么指令？其具体功能是什么？

端口 EN 的作用是什么？_____

端口 IN 的作用是什么？_____

端口 N 的作用是什么？_____

SHR 指令都支持哪些数据类型？_____

4. 任务分析

（1）想一想：要使这个花样彩灯具有手动 / 自动切换功能，其技术难点是什么？
你用什么途径解决该难点？

（2）说一说：按照任务要求，完成这个项目应该准备哪些工具？应该用到哪些材料？

三、工作过程与记录分析

1. 电路设计

按任务要求合理分配 PLC 控制 I/O 接口（输入 / 输出）元件地址；设计并绘制主电路图及 PLC 控制 I/O 接口（输入 / 输出）接线图。

2. 安装与接线

按 PLC 控制主电路、I/O 接口（输入 / 输出）接线图在模拟配线板上正确安装，元件在配线板上布置要合理，布线行线要整齐、平直、紧固、美观，配线接线要正确、可靠、工艺合理，具体操作要熟练、准确，工艺达到考评的具体条件要求。

3. 设计程序

熟练操作 PLC 编程软件，正确地将所编程序输入 PLC，并将程序编制技术文件整理在下面。

4. 系统调试

正确使用电工工具及万用表进行检查，确保人身和设备安全的情况下通电试运行，按照被控设备的动作要求进行模拟调试，达到设计要求。

四、工作总结

（1）通过完成该任务，你和你的团队成员掌握了哪些技能？

___

（2）在工作过程中你有什么心得体会和经验教训？

___

（3）你们是否达到了预先制定的工作目标？

___

（4）其他收获：

___

五、任务评价

学习活动一综合评价表如工表 4-1-4 所法。

工表 4-1-4 学习活动一综合评价表

项目	自我评价			小组评价			教师评价		
	10～9	8～6	5～1	10～9	8～6	5～1	10～9	8～6	5～1
	占总评 10%			占总评 30%			占总评 60%		
收集信息									
绘制电路图									
程序设计									
安装与调试									
回答问题									
学习主动性									
协作精神									
工作页质量									
纪律观念									
表达能力									
工作态度									
小计									
总评									

4-2 邮件自动分拣机控制工作页

一、工作内容与目标

1. 工作内容

某物流公司为提高邮件的分拣效率及准确性，需要先对原有的人工分拣线进行自动化升级改造，要求改造后能够实现邮件的快速自动分拣。请你应用 S7-1200 PLC 及相关电气元件设计并安装一个自动邮件分拣机控制系统，工期为 4 课时。

2. 任务描述

邮件由传送带进行传输，首先到达邮件扫描工位进行扫码检测，用 1 位拨码开关模拟邮件的邮编号码，邮件编码的有效值为 1 ～ 6。拨码开关将检测到的邮编号码传送给 PLC。PLC 根据采集到的邮编号码将邮件分拣到对应地区的邮箱 1 ～ 6 中，如果出现无效的邮编则分拣机自动停机，指示灯闪烁报警。

3. 工作目标

合理选用 PLC 及相关器件，设计安装该电路系统并编写程序进行调试。

二、工作准备

1. 建立工作团队

每个小组由 4 ～ 6 名同学组成，其中设定一名同学作为组长，负责任务划分及整个工作过程的实施监督；老师负责安全与技术指导，组织学生轮换操作。

请按照上述分工，将本小组人员安排如下（见工表 4-2-1）：

工表 4-2-1　生产任务分配单

第_____小组生产任务分配单			
任务名称：		申报时间：　　年　　月　　日	
组长：		组员：	
姓名	负责任务	姓名	负责任务
	电路设计		安装施工
	程序设计		总结汇报
	系统调试		清理现场
	资料整理		…

2. 工具及耗材准备

请根据工作内容与目标制定所需的工具和材料，并填写工具和材料支领单，如工表 4-2-2 和工表 4-2-3 所示。

工表 4-2-2　工具支领单

名称	规格	单位	数量
支领人：		支领时间：	

工表 4-2-3　材料支领单

名称	规格	单位	数量
支领人：		支领时间：	

3. 相关知识准备

1) 收集信息

（1）关于 S7-1200 PLC 的比较指令，请参看资料手册回答下列问题：

① S7-1200 PLC 的比较指令共分为几大类？分别是什么？

② 比较数值大小指令有哪几种判断条件？其指令的符号是什么？

③ 比较数值大小的指令支持哪几种数据类型？

④ 以下程序语句的功能是什么？

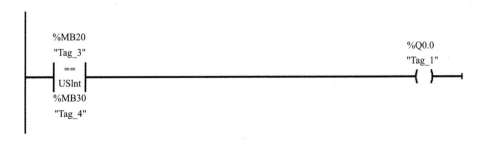

（2）关于 S7-1200 PLC 常用的数据类型，回答补充下列问题：

①数据类型用来描述数据的_____和_____，即用于指定数据元素的大小及如何解释数据。每个指令至少支持_____个数据类型，而部分指令支持多种数据类型；因此指令上使用的操作数的数据类型必须和指令所支持的数据类型_____，所以在建立变量的过程中，我们需要对建立的变量分配相应的数据类型。

②在 TIA Portal 中设计程序时，用于建立变量的区域有_____、_____、_____、_____、_____的接口区，但并不是所有数据类型对应的变量表都可以在这些区域中建立。S7-1200 PLC 中所支持的数据类型分为_____数据类型、_____数据类型、_____数据类型、_____数据类型、_____数据类型及_____数据类型。

③INT 的数据类型：_____；Bool 的数据类型：_____；Real 的数据类型：_____；Byte 的数据类型：_____；Char 的数据类型：_____；Word 的数据类型：_____。

2）任务分析

（1）想一想：要实现邮件自动分拣系统的功能，其技术难点是什么？

你用什么途径解决该难点？

_____

（2）说一说：按照任务要求，拨码开关硬件接线应如何与 PLC 连接较为合理？

_____

（3）请根据你的设计中拨码开关与 PLC 的实际接线，画出对应的真值表。

_____

三、工作过程与记录分析

1. 电路设计

按任务要求合理分配 PLC 控制 I/O 接口（输入 / 输出）元件地址；设计并绘制主电路图及 PLC 控制 I/O 接口（输入 / 输出）接线图。

2. 安装与接线

按 PLC 控制主电路、I/O 接口（输入 / 输出）接线图在模拟配线板上正确安装，元件在配线板上布置要合理，布线行线要整齐、平直、紧固、美观，配线接线要正确、可靠、工艺合理，具体操作要熟练、准确，工艺达到考评的具体条件要求。

3. 设计程序

熟练操作 PLC 编程软件，正确地将所编程序输入 PLC，并将程序编制技术文件整理在下面。

4. 系统调试

正确使用电工工具及万用表进行检查，确保人身和设备安全情况下通电试运行，按照被控设备的动作要求进行模拟调试，达到设计要求。

四、工作总结

（1）通过完成该任务，你和你的团队成员掌握了哪些技能？

（2）在工作过程中你有什么心得体会和经验教训？

（3）你们是否达到了预先制定的工作目标？

（4）其他收获：

五、任务评价

学习活动一综合评价表如工表 4-2-4 所示。

工表 4-2-4　学习活动一综合评价表

项目	自我评价			小组评价			教师评价		
	10～9	8～6	5～1	10～9	8～6	5～1	10～9	8～6	5～1
	占总评 10%			占总评 30%			占总评 60%		
收集信息									
绘制电路图									
程序设计									
安装与调试									
回答问题									
学习主动性									
协作精神									
工作页质量									
纪律观念									
表达能力									
工作态度									
小计									
总评									

4-3 自动售货机控制工作页

一、工作内容与目标

1. 工作内容

学校食堂计划安装若干台自动售货机，可以自动交易可乐、咖啡、矿泉水等商品。请你应用 S7-1200 PLC 及相关电气元件设计并安装一个自动饮料售货机控制系统，工期为 4 课时。

2. 任务描述

此自动售货机由三个点动按键 M1、M2、M3 分别模拟投入 1 元、5 元、10 元面额的钱币，多次投入不同面额或同一面额的钱币可以进行累加，由数码管实时显示钱数。当投入钱币总值大于商品单价时，可以购买的商品指示灯会亮起，选择商品进行购买后，系统自动计算余额并由数码管显示。

3. 工作目标

合理选用 PLC 及相关器件，设计安装该电路系统并编写程序进行调试。

二、工作准备

1. 建立工作团队

每个小组由 4～6 名同学组成，其中设定一名同学作为组长，负责任务划分及整个工作过程的实施监督；老师负责安全与技术指导，组织学生轮换操作。

请按照上述分工，将本小组人员安排如下（见工表 4-3-1）：

工表 4-3-1　生产任务分配单

第_____小组生产任务分配单			
任务名称：		申报时间：　年　月　日	
组长：		组员：	
姓名	负责任务	姓名	负责任务
	电路设计		安装施工
	程序设计		总结汇报
	系统调试		清理现场
	资料整理		…

2. 工具及耗材准备

请根据工作内容与目标制定所需的工具和材料，并填写工具和材料支领单，如工表 4-3-2 和工表 4-3-3 所示。

表 4-3-2 工具支领单

名称	规格	单位	数量
支领人：		支领时间：	

表 4-3-3 材料支领单

名称	规格	单位	数量
支领人：		支领时间：	

3. 相关知识准备

1）收集信息

（1）关于 S7-1200 PLC 的数学函数类指令，请参看资料手册回答下列问题：

① S7-1200 PLC 的数学函数类指令共分为几大类？分别是什么？

② 下图的程序符号是什么指令？该指令的功能是什么？

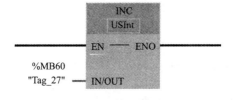

③ 下图的程序符号是什么指令？该指令的功能是什么？

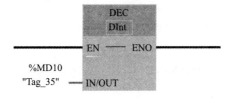

④ INC 和 DEC 指令所支持的数据类型有哪些？

⑤下图程序语句中，如果连续按下 I0.0 接口的点动按键，在寄存器 MB20 中能否精确存储按键的次数？为什么？

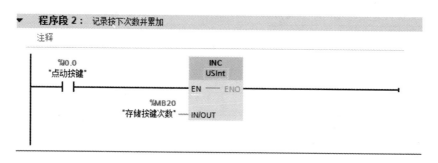

⑥上题中的程序如果不能正确检测存储点动按键按下次数，那么应该如何修改这个程序？

（2）关于 S7-1200 PLC 中的四则运算指令，回答补充下列问题：

①四则运算指令包括加法指令_____、减法指令_____、乘法指令_____、除法指令_____四种。

②执行加法指令 ADD 将_____的值与_____的值相加，并将加得结果存储在 OUT 设定的_____中。

③加法指令各端口的定义如下：

EN：_____

ENO：_____

IN1/IN2：_____

OUT：_____

④下图指令符号的名称和功能是什么？

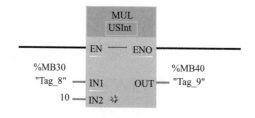

⑤乘法指令 MUL 将_____的值与_____的值相乘，并将乘积保存在_____指定的寄存器中。

⑥关于乘法指令，其指令符号中各端口的定义是什么？

EN：_____

ENO：_____

IN1：_____

IN2：_____

OUT：_____

⑦除法指令 DIV 将_____的值除以_____的值，并将除得的商保存在_____指定的寄存器中。DIV 指令支持各种整型和实数型数据。

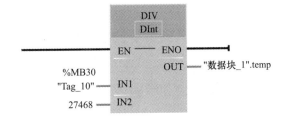

2）任务分析

（1）想一想：在这个任务中，综合成本与控制难易程度考虑，用来显示金额的显示装置选用什么类型的器件比较好？

_____

（2）想一下：在这个任务中，程序设计的难点是什么？应该如何解决？

_____

（3）请根据生活中的实际经验，列出自动售货机必须具备的功能都有哪些。

_____

三、工作过程与记录分析

1. 电路设计

按任务要求合理分配 PLC 控制 I/O 接口（输入 / 输出）元件地址；设计并绘制主电路图及 PLC 控制 I/O 接口（输入 / 输出）接线图。

2. 安装与接线

按 PLC 控制主电路、I/O 接口（输入 / 输出）接线图在模拟配线板上正确安装，元件在配线板上布置要合理，布线行线要整齐、平直、紧固、美观，配线接线要正确、可靠、工艺合理，具体操作要熟练、准确，工艺达到考评的具体条件要求。

3. 设计程序

熟练操作 PLC 编程软件，正确地将所编程序输入 PLC，并将程序编制技术文件整理在下面。

4. 系统调试

正确使用电工工具及万用表进行检查，确保人身和设备安全的情况下通电试运行，按照被控设备的动作要求进行模拟调试，达到设计要求。

四、工作总结

（1）通过完成该任务，你和你的团队成员掌握了哪些技能？

（2）在工作过程中你有什么心得体会和经验教训？

（3）你们是否达到了预先制定的工作目标？

（4）其他收获：

五、任务评价

学习活动一综合评价表如工表 4-3-4 所示。

工表 4-3-4　学习活动一综合评价表

项目	自我评价			小组评价			教师评价		
	10～9	8～6	5～1	10～9	8～6	5～1	10～9	8～6	5～1
	占总评 10%			占总评 30%			占总评 60%		
收集信息									
绘制电路图									
程序设计									
安装与调试									
回答问题									
学习主动性									
协作精神									
工作页质量									
纪律观念									
表达能力									
工作态度									
小计									
总评									

4-4　装配流水线控制工作页

一、工作内容与目标

1. 工作内容

一个饮料公司计划增设一条自动化饮料生产流水线，能够实现饮料的自动运输、灌装、拧盖、贴标等加工工序。请你结合所学知识，用 S7-1200 PLC 及相关电气元件设计并安装一个饮料产品自动装配流水线，工期为 4 课时。

2. 任务描述

如图 4-4-1 所示为装配流水线实验模块，由启动开关 SD、复位按键 RS 和手动移位按键 ME 组成，用指示灯分别模拟操作工位 A、B、C，运料工位 D、E、F、G，仓库操作工位 H，生产线能够循环完成工件传送、加工、入库的周期性动作，并且有自动循环运行和手动单步运行两种工作模式。

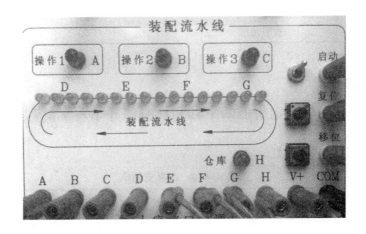

具体功能如下：

（1）打开启动开关 SD，系统进入自动运行模式，工件按照指示灯 D → A → E → B → F → C → G → H 的顺序依次点亮表示加工入库。

（2）在自动运行期间的任一环节按下按键 ME，进入手动单步模式，每按一次 ME，指示灯转换到下一个加工环节。

（3）在自动模式下断开系统开关 SD，系统在完成当前周期的加工工作后关闭，指示灯熄灭。在手动模式下断开系统开关 SD，当前指示灯立即熄灭。

（4）在任何时候按下复位按键 RS，系统进入自动模式且指示灯按照 D → A → E → B → F → C → G → H 的顺序循环点亮。

3. 工作目标

合理选用 PLC 及相关器件，设计安装该电路系统并编写程序进行调试。

二、工作准备

1. 建立工作团队

每个小组由 4 ～ 6 名同学组成，其中设定一名同学作为组长，负责任务划分及整个工作过程的实施监督；老师负责安全与技术指导，组织学生轮换操作。

请按照上述分工，将本小组人员安排如下（见工表 4-4-1）：

工表 4-4-1　生产任务分配单

第_____小组生产任务分配单			
任务名称：		申报时间：　　年　　月　　日	
组长：		组员：	
姓名	负责任务	姓名	负责任务
	电路设计		安装施工
	程序设计		总结汇报
	系统调试		清理现场
	资料整理		…

2. 工具及耗材准备

请根据工作内容与目标制定所需的工具和材料，并填写工具和材料支领单，如工表 4-4-2 和工表 4-4-3 所示。

工表 4-4-2　工具支领单

名称	规格	单位	数量
支领人：		支领时间：	

工表 4-4-3　材料支领单

名称	规格	单位	数量
支领人：		支领时间：	

3. 相关知识准备

1）收集信息

（1）S7-1200 PLC 中的程序块包含哪四种：

___

（2）_____为程序提供结构，它们充当操作系统和用户程序之间的接口。OB 是由事件驱动的（如诊断中断或时间间隔），会使 CPU 执行_____。某些 OB 预定义了起始事件和行为。

（3）完成程序循环 OB 的处理后，CPU 会_____程序循环 OB。该循环处理是用于可编程逻辑控制器的"正常"处理类型。对于许多应用来说，整个用户程序位于一个程序循环 OB 中。

（4）_____是使用背景数据块保存其参数和静态数据的代码块。FB 具有位于数据块（DB）或"背景"DB 中的变量存储器。

（5）FC（功能）不含_____代码块，常用于对一组输入值执行特定运算，例如，可使用 FC 执行标准运算和可重复使用的运算（如数学计算）或者_____。

2）任务分析

（1）想一想：自动装配流水线程序设计中，其技术难点是什么？你用什么途径解决该难点？

___

（2）说一说：按照任务要求，完成这个项目应该准备哪些工具？应该用到哪些材料？

___

三、工作过程与记录分析

1. 电路设计

按任务要求合理分配 PLC 控制 I/O 接口（输入 / 输出）元件地址；设计并绘制主电路图及 PLC 控制 I/O 接口（输入 / 输出）接线图。

2. 安装与接线

按 PLC 控制主电路、I/O 接口（输入 / 输出）接线图在模拟配线板上正确安装，元件在配线板上布置要合理，布线行线要整齐、平直、紧固、美观，配线接线要正确、可靠、工艺合理，具体操作要熟练、准确，工艺达到考评的具体条件要求。

3. 设计程序

熟练操作 PLC 编程软件，正确地将所编程序输入 PLC，并将程序编制技术文件整理在下面。

4. 系统调试

正确使用电工工具及万用表进行检查，确保人身和设备安全情况下通电试运行，按照被控设备的动作要求进行模拟调试，达到设计要求。

四、工作总结

（1）通过完成该任务，你和你的团队成员掌握了哪些技能？

（2）在工作过程中你有什么心得体会和经验教训？

（3）你们是否达到了预先制定的工作目标？

（4）其他收获：

五、任务评价

学习活动一综合评价表如工表 4-4-4 所示。

工表 4-4-4　学习活动一综合评价表

项目	自我评价			小组评价			教师评价		
	10～9	8～6	5～1	10～9	8～6	5～1	10～9	8～6	5～1
	占总评 10%			占总评 30%			占总评 60%		
收集信息									
绘制电路图									
程序设计									
安装与调试									
回答问题									
学习主动性									
协作精神									
工作页质量									
纪律观念									
表达能力									
工作态度									
小计									
总评									

4-5   恒压供水系统控制工作页

一、工作内容与目标

1. 工作内容

为方便居民用水，某小区要安装一个水塔，采用压力传感器、PLC 和变频器作为中心控制装置，确保在供水管网中用水量发生变化时出口压力保持恒定的供水方式。请自主查阅资料，结合所学知识应用 S7-1200 PLC 及相关电气元件设计并安装一个恒压供水系统，工期为 4 课时。

2. 任务描述

使用设备上的恒压供水系统实验模块，用可调电位器来模拟安装于水塔底部的测量水压力传感器（电压输出范围 0 ~ 5 V），由发光二极管 L1、L2、L3 模拟三台水泵用来给水塔供水，三台水泵既可单独工作也可联合工作并由拨动开关 S1、S2、S3 进行控制。

该系统可根据实际的水压力值随时调节供水量，保证系统恒压运转并具有手动和自动两种工作模式。

（1）手动模式：闭合开关 S1 指示灯 L1 亮，闭合开关 S2 指示灯 L2 亮，闭合开关 S3 指示灯 L3 亮；旋转压力反馈电位器到 4.8 V 来模拟水压力达到 96 kPa，此时 L1、L2、L3 灯闪烁。

（2）自动模式：旋转压力反馈电位器，当电压小于 2 V 时，指示灯 L1、L2、L3 均被点亮；当电压大于 2 V 小于 3.5 V 时，指示灯 L1、L2 点亮；当电压大于 3.5 V 小于 4.8 V 时，指示灯 L1 点亮；当电压大于 4.8 V 时，指示灯全部熄灭。

3. 工作目标

合理选用 PLC 及相关器件，设计安装该电路系统并编写程序进行调试。

二、工作准备

1. 建立工作团队

每个小组由 4 ~ 6 名同学组成，其中设定一名同学作为组长，负责任务划分及整个工作过程的实施监督；老师负责安全与技术指导，组织学生轮换操作。

请按照上述分工，将本小组人员安排如下（见工表 4-5-1）：

工表 4-5-1　生产任务分配单

第_____小组生产任务分配单			
任务名称：		申报时间：　年　月　日	
组长：		组员：	
姓名	负责任务	姓名	负责任务
	电路设计		安装施工
	程序设计		总结汇报
	系统调试		清理现场
	资料整理		…

2. 工具及耗材准备

请根据工作内容与目标制定所需的工具和材料，并填写工具和材料支领单，如工表 4-5-2 和工表 4-5-3 所示。

工表 4-5-2　工具支领单

名称	规格	单位	数量
支领人：		支领时间：	

工表 4-5-3　材料支领单

名称	规格	单位	数量
支领人：		支领时间：	

3. 相关知识准备

1）收集信息

（1）PLC 的转换指令有四种类型，分别是_____，_____，_____，_____。

（2）CONV 指令功能是将 IN 端口输入的数据_____并在 OUT 端输出。该指令一般应用于算术运算、模拟量输入信号转换、数码管显示等情况。

（3）CONV 具有四个端口，EN 为_____，ENO 为_____，IN 为_____，OUT 为_____。指令中的"???"为_____。

（4）取整指令 ROUND 的功能是以实数类型读取 IN 端输入的数据并按照_____的原则处理，小数部分只保留_____部分，其结果在 OUT 端输出。

（5）关于取整指令 ROUND，当 IN 端输入的数值为相邻两个整数的平均值时，指令将结果保存_____。

（6）截取指令 TRUNC 的功能是以实数类型读取 IN 端输入的数据并_____，其结果在 OUT 端输出。例如 IN 端输入数值为 5.71，则输出端 OUT 的值为_____；IN 端输入数值为 14.4，则输出端 OUT 的值为_____。

（7）上取整指令 CEIL 的功能是以_____的数据类型对 IN 中的参数进行读取并转换为_____它的双整数（向上取整），运算结果在 OUT 端输出。

（8）下取整指令 FLOOR 的功能是以_____的数据类型对 IN 中的参数进行读取并转换为_____它的双整数（向下取整），运算结果在 OUT 端输出。

（9）标定指令 SCALE_X 可以理解为"_____"指令，通过将输入 VALUE 的值_____到指定的值范围来对其进行缩放。当执行"缩放"指令时，输入 VALUE 的浮点值会缩放到由参数 MIN 和 MAX 定义的值范围。缩放结果为_____，存储在 OUT 输出中。

（10）S7-1200（1214C）内部集成了_____路模拟量信号输入通道，分别为_____和_____，对应的地址为_____和_____。

2）任务分析

（1）想一下：在这个任务中，程序设计的难点是什么？应该如何解决？

_____

（2）请根据生活中的实际经验，想一想恒压供水系统必须具备的功能都有哪些？

_____

三、工作过程与记录分析

1. 电路设计

按任务要求合理分配 PLC 控制 I/O 接口（输入 / 输出）元件地址；设计并绘制主电路图及 PLC 控制 I/O 接口（输入 / 输出）接线图。

2. 安装与接线

按 PLC 控制主电路、I/O 接口（输入 / 输出）接线图在模拟配线板上正确安装，元件在配线板上布置要合理，布线行线要整齐、平直、紧固、美观，配线接线要正确、可靠、工艺合理，具体操作要熟练、准确，工艺达到考评的具体条件要求。

3. 设计程序

熟练操作 PLC 编程软件，正确地将所编程序输入 PLC，并将程序编制技术文件整理在下面。

4. 系统调试

正确使用电工工具及万用表进行检查，确保人身和设备安全的情况下通电试运行，按照被控设备的动作要求进行模拟调试，达到设计要求。

四、工作总结

（1）通过完成该任务，你和你的团队成员掌握了哪些技能？

（2）在工作过程中你有什么心得体会和经验教训？

（3）你们是否达到了预先制定的工作目标？

（4）其他收获：

五、任务评价

学习活动一综合评价表如工表 4-5-4 所示。

工表 4-5-4　学习活动一综合评价表

项目	自我评价			小组评价			教师评价		
	10～9	8～6	5～1	10～9	8～6	5～1	10～9	8～6	5～1
	占总评 10%			占总评 30%			占总评 60%		
收集信息									
绘制电路图									
程序设计									
安装与调试									
回答问题									
学习主动性									
协作精神									
工作页质量									
纪律观念									
表达能力									
工作态度									
小计									
总评									

4-6　传送分拣系统控制工作页

一、工作内容与目标

1. 工作内容

学校食堂计划安装若干台自动售货机，可以自动交易可乐、咖啡、矿泉水等商品。请你应用 S7-1200 PLC 及相关电气元件设计并安装一个自动饮料售货机控制系统，工期为 4 课时。

2. 任务描述

此自动售货机由三个点动按键 M1、M2、M3 分别模拟投入 1 元、5 元、10 元面额的钱币，多次投入不同面额或同一面额的钱币可以进行累加，由数码管实时显示钱数。当投入钱币总值大于商品单价时，可以购买的商品指示灯会亮起，选择商品进行购买后，系统自动计算余额并由数码管显示。

3. 工作目标

合理选用 PLC 及相关器件，设计安装该电路系统并编写程序进行调试。

二、工作准备

1. 建立工作团队

每个小组由 4 ~ 6 名同学组成，其中设定一名同学作为组长，负责任务划分及整个工作过程的实施监督；老师负责安全与技术指导，组织学生轮换操作。

请按照上述分工，将本小组人员安排如下（见工表 4-6-1）：

工表 4-6-1　生产任务分配单

第_____小组生产任务分配单			
任务名称：		申报时间：　　年　月　日	
组长：		组员：	
姓名	负责任务	姓名	负责任务
	电路设计		安装施工
	程序设计		总结汇报
	系统调试		清理现场
	资料整理		…

2. 工具及耗材准备

请根据工作内容与目标制定所需的工具和材料，并填写工具和材料支领单，如工表 4-6-2 和工表 4-6-3 所示。

工表 4-6-2　工具支领单

名称	规格	单位	数量
支领人：		支领时间：	

工表 4-6-3　材料支领单

名称	规格	单位	数量
支领人：		支领时间：	

3. 相关知识准备

1）收集信息。

（1）S7-1200 CPU 提供了最多_____个（1214C）高速计数器。

（2）高速计数器独立于 CPU 的扫描周期进行计数，可测量的单相脉冲频率最高为_____Hz，双相或 A/B 相最高为_____Hz，除用来计数外还可用来进行_____测量。

（3）高速计数器定义为 5 种工作模式，分别是____

_____。

（4）下图为高速计数器指令块，请写出各个端口的参数说明

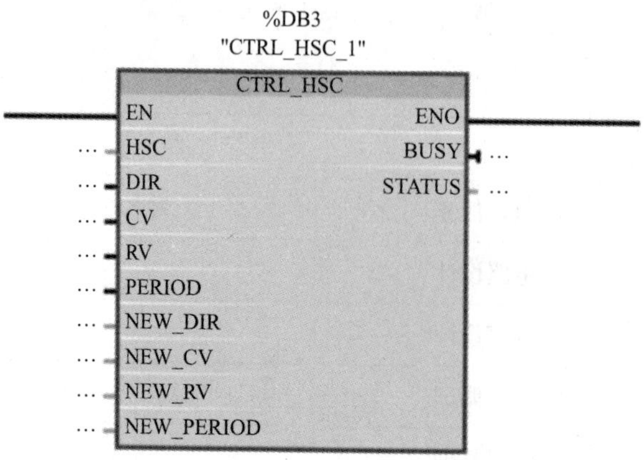

```
              %DB3
           "CTRL_HSC_1"

             CTRL_HSC
    ──── EN              ENO ────
...──── HSC            BUSY ┤... 
...──── DIR          STATUS ┤...
...──── CV
...──── RV
...──── PERIOD
...──── NEW_DIR
...──── NEW_CV
...──── NEW_RV
...──── NEW_PERIOD
```

端口名称	参数说明
HSC（HW_HSC）	
DIR（BOOL）	
CV（BOOL）	
RV（BOOL）	
PERIODE（BOOL）	
NEW_DIR（INT）	
NEW_CV（DINT）	
NEW_RV（DINT）	
NEW_PERIODE（INT）	

（5）请简要描述高速计数器在 TIA 软件中的组态和设置步骤。

2）任务分析

（1）想一想：在这个任务中，综合成本与控制难易程度考虑，用来显示金额的显示装置选用什么类型的器件比较好？

（2）想一下：在这个任务中，程序设计的难点是什么？应该如何解决？

（3）请根据生活中的实际经验，列出自动售货机必须具备的功能都有哪些。

三、工作过程与记录分析

1. 电路设计

按任务要求合理分配 PLC 控制 I/O 接口（输入 / 输出）元件地址；设计并绘制主电路图及 PLC 控制 I/O 接口（输入 / 输出）接线图。

2. 安装与接线

按 PLC 控制主电路、I/O 接口（输入 / 输出）接线图在模拟配线板上正确安装，元件在配线板上布置要合理，布线行线要整齐、平直、紧固、美观，配线接线要正确、可靠、工艺合理，具体操作要熟练、准确，工艺达到考评的具体条件要求。

3. 设计程序

熟练操作 PLC 编程软件，正确地将所编程序输入 PLC，并将程序编制技术文件整理在下面。

4. 系统调试

正确使用电工工具及万用表进行检查，确保人身和设备安全的情况下通电试运行，按照被控设备的动作要求进行模拟调试，达到设计要求。

四、工作总结

（1）通过完成该任务，你和你的团队成员掌握了哪些技能？

_____

_____

（2）在工作过程中你有什么心得体会和经验教训？

_____

_____

（3）你们是否达到了预先制定的工作目标？

_____

_____

（4）其他收获：

_____

_____

五、任务评价

学习活动一综合评价表如工表 4-6-4 所示。

工表 4-6-4　学习活动一综合评价表

项目	自我评价			小组评价			教师评价		
	10～9	8～6	5～1	10～9	8～6	5～1	10～9	8～6	5～1
	占总评 10%			占总评 30%			占总评 60%		
收集信息									
绘制电路图									
程序设计									
安装与调试									
回答问题									
学习主动性									
协作精神									
工作页质量									
纪律观念									
表达能力									
工作态度									
小计									
总评									

5-1 两个 S7-1200 PLC 之间的通信工作页

一、工作内容与目标

1. 工作内容

某智能化生产加工企业需要在总控制室内实时在线监控远程现场设备的运行状态。其中，总控制室内采用 PLC1 控制，远程现场设备采用 PLC2 控制。请你应用 S7-1200 PLC 及相关电气元件设计并安装一套通信控制线路，工期为 8 课时。

2. 任务描述

PLC1 控制要求：

（1）利用 PUT 指令和 GET 指令，实现对 PLC2 的启停控制功能；

（2）对 PLC2 的运行状态监视，PLC2 正常运行时 PLC1 亮绿灯，PLC2 故障时 PLC1 亮红灯。

PLC2 控制要求：

（1）向 PLC1 反馈运行状态信息；

（2）接收 PLC1 的控制要求，PLC1 要求 PLC2 启动时亮绿灯，PLC1 要求 PLC2 停止时亮红灯。

3. 工作目标

合理选用 PLC 及相关器件，设计安装该电路系统并编写程序进行调试。

二、工作准备

1. 建立工作团队

每个小组由 4～6 名同学组成，其中设定一名同学作为组长，负责任务划分及整个工作过程的实施监督；老师负责安全与技术指导，组织学生轮换操作。

请按照上述分工，将本小组人员安排如下（见工表 5-1-1）：

工表 5-1-1 任务分配单

第_____小组生产任务分配单			
任务名称：		申报时间：　年　月　日	
组长：		组员：	
姓名	负责任务	姓名	负责任务
	电路设计		安装施工
	程序设计		总结汇报
	系统调试		清理现场
	资料整理		…

2．工具及耗材准备

请根据工作内容与目标制定所需的工具和材料，填写工具和材料支领单，如工表5-1-2和工表5-1-3所示。

工表 5-1-2　工具支领单

名称	规格	单位	数量
支领人：		支领时间：	

工表 5-1-3　材料支领单

名称	规格	单位	数量
支领人：		支领时间：	

三、工作过程与记录分析

1．电路设计

按任务要求合理分配 PLC 控制 I/O 接口（输入 / 输出）元件地址；设计并绘制主电路图及 PLC 控制 I/O 接口（输入 / 输出）接线图。

2．安装与接线

按 PLC 控制主电路、I/O 接口（输入 / 输出）接线图在模拟配线板上正确安装，元件在配线板上布置要合理，布线行线要整齐、平直、紧固、美观，配线接线要正确、可靠、工艺合理，具体操作要熟练、准确，工艺达到考评的具体条件要求。

3．设计程序

熟练操作 PLC 编程软件，正确地将所编程序输入 PLC，并将程序编制技术文件整理在下面。

4．系统调试

正确使用电工工具及万用表进行检查，确保人身和设备安全的情况下通电试运行，按照被控设备的动作要求进行模拟调试，达到设计要求。

四、工作总结

（1）通过完成该任务，你和你的团队成员掌握了哪些技能？

（2）在工作过程中你有什么心得体会和经验教训？

（3）你们是否达到了预先制定的工作目标？

（4）其他收获：

五、任务评价

学习活动—综合评价表如工表 5-1-4 所示。

工表 5-1-4 学习活动—综合评价表

项目	自我评价			小组评价			教师评价		
	10～9	8～6	5～1	10～9	8～6	5～1	10～9	8～6	5～1
	占总评 10%			占总评 30%			占总评 60%		
收集信息									
绘制电路图									
程序设计									
安装与调试									
回答问题									
学习主动性									
协作精神									
工作页质量									
纪律观念									
表达能力									
工作态度									
小计									
总评									

5-2　S7-1200 到 S7-300 之间的通信工作页

一、工作内容与目标

1. 工作内容

某智能化生产加工企业需要在总控制室内利用 PROFIBUS 通信网络，对远程 PLC2 进行数据传输控制，接收并处理 PLC2 反馈的数据信息。请你应用 S7-1200 PLC、S7-300 PLC 及相关电气元件设计并安装一套通信控制线路，工期为 8 课时。

2. 任务描述

PLC1 控制要求：

（1）向 PLC2 传输一组数据信息；

（2）比较 PLC2 所反馈的数据信息内容，并根据比较结果进行输出控制。

PLC2 控制要求：

（1）接收 PLC1 发送的数据信息；

（2）对数据信息进行计算处理等功能；

（3）将处理好的数据信息反馈给 PLC1。

3. 工作目标

合理选用 PLC 及相关器件，设计安装该电路系统并编写程序进行调试。

二、工作准备

1. 建立工作团队

每个小组由 4 ～ 6 名同学组成，其中设定一名同学作为组长，负责任务划分及整个工作过程的实施监督；老师负责安全与技术指导，组织学生轮换操作。

请按照上述分工，将本小组人员安排如下（见工表 5-2-1）：

工表 5-2-1　任务分配单

第_____小组生产任务分配单			
任务名称：		申报时间：　　年　　月　　日	
组长：		组员：	
姓名	负责任务	姓名	负责任务
	电路设计		安装施工
	程序设计		总结汇报
	系统调试		清理现场
	资料整理		…

2. 工具及耗材准备

请根据工作内容与目标制定所需的工具和材料，并填写工具和材料支领单，如工表 5-2-2 和工表 5-2-3 所示。

工表 5-2-2 工具支领单

名称	规格	单位	数量
支领人：		支领时间：	

工表 5-2-3 材料支领单

名称	规格	单位	数量
支领人：		支领时间：	

三、工作过程与记录分析

1. 电路设计

按任务要求合理分配 PLC 控制 I/O 接口（输入 / 输出）元件地址；设计并绘制主电路图及 PLC 控制 I/O 接口（输入 / 输出）接线图。

2. 安装与接线

按 PLC 控制主电路、I/O 接口（输入 / 输出）接线图在模拟配线板上正确安装，元件在配线板上布置要合理，布线行线要整齐、平直、紧固、美观，配线接线要正确、可靠、工艺合理，具体操作要熟练、准确，工艺达到考评的具体条件要求。

3. 设计程序

熟练操作 PLC 编程软件，正确地将所编程序输入 PLC，并将程序编制技术文件整理在下面。

4. 系统调试

正确使用电工工具及万用表进行检查，确保人身和设备安全的情况下通电试运行，按照被控设备的动作要求进行模拟调试，达到设计要求。

四、工作总结

（1）通过完成该任务，你和你的团队成员掌握了哪些技能？

_____

（2）在工作过程中你有什么心得体会和经验教训？

_____

（3）你们是否达到了预先制定的工作目标？

_____

（4）其他收获：

_____

五、任务评价

学习活动一综合评价表如工表 5-2-4 所示。

工表 5-2-4　学习活动一综合评价表

项目	自我评价			小组评价			教师评价		
	10～9	8～6	5～1	10～9	8～6	5～1	10～9	8～6	5～1
	占总评 10%			占总评 30%			占总评 60%		
收集信息									
绘制电路图									
程序设计									
安装与调试									
回答问题									
学习主动性									
协作精神									
工作页质量									
纪律观念									
表达能力									
工作态度									
小计									
总评									

5-3　HMI 到 PLC 之间的通信工作页

一、工作内容与目标

1.　工作内容

某智能化生产加工企业需要在总控制室内实时在线监控远程现场设备的运行状态。其中，总控制室内采用 HMI 设备控制（主站），远程现场设备采用 PLC 设备控制（从站）。请你应用 S7-1200 PLC、TP700 触摸屏及相关电气元件设计并安装一套通信控制线路，工期为 8 课时。

2.　任务描述

HMI 设备控制要求：

（1）向 PLC 发出控制命令，实现对 PLC 的启动和停止控制；

（2）显示 PLC 的工作运行状态，停止状态采用红色指示灯表示，运行状态采用绿色指示灯表示。

PLC 设备控制要求：

（1）接收并执行 HMI 发送的控制命令信息；

（2）完成对 PLC 输出继电器的启动和停止控制；

（3）将系统的运行状态信息反馈给 HMI。

3.　工作目标

合理选用 PLC 及相关器件，设计安装该电路系统并编写程序进行调试。

二、工作准备

1.　建立工作团队

每个小组由 4～6 名同学组成，其中设定一名同学作为组长，负责任务划分及整个工作过程的实施监督；老师负责安全与技术指导，组织学生轮换操作。

请按照上述分工，将本小组人员安排如下（见工表 5-3-1）：

工表 5-3-1　任务分配单

第_____小组生产任务分配单			
任务名称：		申报时间：　　年　月　日	
组长：		组员：	
姓名	负责任务	姓名	负责任务
	电路设计		安装施工
	程序设计		总结汇报
	系统调试		清理现场
	资料整理		…

2.　工具及耗材准备

请根据工作内容与目标制定所需的工具和材料，并填写工具和材料支领单，如工表 5-3-2 和工表 5-3-3 所示。

工表 5-3-2　工具支领单

名称	规格	单位	数量
支领人：		支领时间：	

工表 5-3-3　材料支领单

名称	规格	单位	数量
支领人：		支领时间：	

三、工作过程与记录分析

1. 电路设计

按任务要求合理分配 PLC 控制 I/O 接口（输入 / 输出）元件地址；设计并绘制主电路图及 PLC 控制 I/O 接口（输入 / 输出）接线图。

2. 安装与接线

按 PLC 控制主电路、I/O 接口（输入 / 输出）接线图在模拟配线板上正确安装，元件在配线板上布置要合理，布线行线要整齐、平直、紧固、美观，配线接线要正确、可靠、工艺合理，具体操作要熟练、准确，工艺达到考评的具体条件要求。

3. 设计程序

熟练操作 PLC 编程软件，正确地将所编程序输入 PLC，并将程序编制技术文件整理在下面。

4. 系统调试

正确使用电工工具及万用表进行检查，确保人身和设备安全的情况下通电试运行，按照被控设备的动作要求进行模拟调试，达到设计要求。

四、工作总结

（1）通过完成该任务，你和你的团队成员掌握了哪些技能？

_____

_____

（2）在工作过程中你有什么心得体会和经验教训？

_____

_____

（3）你们是否达到了预先制定的工作目标？

_____

_____

（4）其他收获：

_____

_____

五、任务评价

学习活动一综合评价表如工表 5-3-4 所示。

工表 5-3-4 学习活动一综合评价表

项目	自我评价			小组评价			教师评价		
	10～9	8～6	5～1	10～9	8～6	5～1	10～9	8～6	5～1
	占总评 10%			占总评 30%			占总评 60%		
收集信息									
绘制电路图									
程序设计									
安装与调试									
回答问题									
学习主动性									
协作精神									
工作页质量									
纪律观念									
表达能力									
工作态度									
小计									
总评									